Die Ermüdung des Eisenbahnschienenmaterials.

Studie von

Dipl.-Ing. Otto Wawrziniok,

Privatdozent an der Technischen Hochschule zu Dresden und Adjunkt der
Königl. Sächs. Mechanisch-Technischen Versuchsanstalt.

Mit 18 Textfiguren.

Springer-Verlag Berlin Heidelberg GmbH
1910

ISBN 978-3-662-40933-6   ISBN 978-3-662-41417-0 (eBook)
DOI 10.1007/978-3-662-41417-0

Inhaltsverzeichnis.

	Seite
Einleitung	5
I. Allgemeines	9
1. Begriff der Ermüdung des Eisens	9
2. Ergebnis früherer Untersuchungen über Ermüdungserscheinungen	10
3. Voraussetzungen bei Versuchen zur Feststellung von Materialermüdungen	12
II. Art des Versuchsmaterials	13
1. Ursprung und Behandlung der Versuchsschienen	13
2. Aussehen und Merkmale der im Betriebe gewesenen, geprüften Schiene	14
3. Chemische Zusammensetzung des Schienenstoffes	16
4. Makroskopische Gefügebeschaffenheit	17
5. Beschaffenheit der Schienenlauffläche	19
III. Versuche zur Feststellung der Ermüdung des Schienenmaterials	28
1. Biegeversuche	28
2. Druck- und Zugversuche	31
3. Kerbschlagversuche	40
4. Lösungsversuche	42
IV. Zusammenfassung der Versuchsergebnisse und Schlußfolgerungen	46

Einleitung.

Die häufig stattfindenden Schienenbrüche, insbesondere die der Siemens-Martinstahlschienen,[1]) die mit Rücksicht auf ihre einschneidende Bedeutung für den Eisenbahnbetrieb fast immer Gegenstand der Beratungen auf den Eisenbahnkongressen usw. sind, veranlaßten den Verfasser im Anschlusse an eine auf Antrag der Königl. Generaldirektion der Sächs. Staatseisenbahnen bei der Königl. Sächs. Mechanisch-Technischen Versuchsanstalt Dresden ausgeführte Festigkeitsprüfung von Eisenbahnschienen Untersuchungen darüber anzustellen, ob durch die vielmaligen Beanspruchungen im Betriebe Veränderungen der physikalischen Materialeigenschaften der Eisenbahnschienen hervorgerufen werden, die als Ermüdungserscheinungen[2]) bezeichnet werden können, und denen die Brüche zuzuschreiben sind.

Wenn auch durch die Verwendung stark gesaigerter oder mit Lunkern durchsetzter Ingots bei der Schienenerzeugung oder durch ungeeignete Zusammensetzung der Charge, ferner infolge falscher Abkühlung nach dem Walzen oder zu starker Inanspruchnahme der Schiene in der Richtpresse mit Fehlern behaftete Schienen entstehen, so ist die aufgeworfene Frage, daß die Brüche auch durch Materialermüdung entstehen können, nicht von der Hand zu weisen, um so mehr, als sich durch die von WÖHLER u. a. angestellten Dauerversuche mit Metallen gezeigt hat, daß die Metalle bei vielmaligen Beanspruchungen weniger widerstandsfähig sind, als bei einmalig wirkender, allmählich gesteigerter Inanspruchnahme. Die Frage der Ermüdung der Metalle ist bereits von verschiedenen Forschern behandelt worden, ohne daß die von ihnen zur Klärung der Frage angestellten Versuche oder Betrachtungen zu zuverlässigen

---

[1]) Stahl und Eisen 1907, S. 1217—1223, 1909, S. 1425.
[2]) Definition s. S. 9.

Ergebnissen geführt haben. Es dürfte dieser Umstand dadurch veranlaßt worden sein, daß die Untersuchungen sich nur auf die Feststellung der Festigkeit der Stoffe erstreckten, ohne den Ursprung und die übrigen physikalischen Eigenschaften derselben zu berücksichtigen.

Nach Ansicht des Verfassers kann die Klärung dieser Frage nur durch Vergleichsuntersuchungen versucht werden, welche sich auf Feststellung aller in Betracht kommenden physikalischen Eigenschaften erstrecken, und zwar an Probestücken, die alle gleichen Ursprunges sind, gleiche Behandlung bei der Erzeugung erfahren haben und nach ganz gleichen Methoden geprüft wurden.

Außerdem dürfte es kaum zulässig sein, die Ergebnisse solcher Untersuchungen zu verallgemeinern, da die Art der Stoffbeanspruchung sicherlich einen nicht unbedeutenden Einfluß auf die Ermüdung des Stoffes ausübt.

Merkwürdig ist bei Eisenbahnschienenbrüchen, daß die Schienen eine Zeitlang ihren Dienst verrichten und dann, ohne daß irgend eine wahrnehmbare Veränderung an ihnen zu erkennen wäre, brechen.

Wenn der Bruch auf Risse oder Fehlstellen im Material zurückgeführt werden kann, ist diese Ursache in der Regel ohne weiteres durch Untersuchung der Bruchfläche unter Umständen durch Zuhilfenahme der metallographischen Untersuchungsverfahren feststellbar. Ergibt diese Prüfung aber, daß der Bruch nicht auf Materialfehler zurückzuführen ist und liefert auch die Festigkeitsprüfung wahllos entnommener Probestücke normale Ergebnisse, so muß die ganze Untersuchung resultatlos verlaufen, wenn nicht bekannt ist, daß auch andere Ursachen, als ungenügende Materialbeschaffenheit, Brüche veranlassen können.

Die auf Querschwellen verlegten Schienen sind als kontinuierliche Träger zu betrachten, die beim Darüberfahren der Züge durchgebogen werden und mit Rücksicht auf die Art der Durchbiegungen wellenförmige Gestalt annehmen. Die Art der Wellen und die Größe der Niveauunterschiede zwischen einem Wellenberg und einem Wellental sind ohne weiteres nicht feststellbar, und es dürfte eine dahingehende Ermittelung auch erfolglos verlaufen, weil die Wellen vom Achsenabstand und der Radbelastung der Wagen sowie von der Schwellenbettung abhängig sind. Unter Umständen kann der Fall eintreten, daß die sich in einem gewissen Rhytmus auf die Schienen wiederholenden Stöße sich addieren und dann sehr große wellenförmige Schwingungen der Schiene hervorrufen, die wiederum sehr erhebliche, stoßweise wirkende Materialspannungen bedingen. Wenn außerdem in einer derartig beanspruchten Schiene von der Erzeugung herrührende Materialspannungen vorhanden sind, kann die Summe der wirkenden Beanspruchungen eine Größe erreichen, die leicht einen Schienenbruch herbeizuführen vermag. Bleiben die Schwingungen der Schienen aber innerhalb normaler Grenzen, so daß keine Überbeanspruchung des Schienenmaterials erfolgt, dann wird auch kein Bruch der Schiene stattfinden. Es liegt aber die Vermutung nahe, daß das Schienenmaterial durch die vielmaligen, wenn auch rechnungsmäßig zulässigen, stoßweise zur Wirkung kommenden Beanspruchungen Veränderungen erleidet, die seine physikalischen Eigenschaften beeinflussen. Die Schienen werden beim Befahren durch die Räder der Züge nicht nur durchgebogen, sondern es erfolgt auch infolge der Wellenbewegung der Schiene eine schlagartige Beanspruchung des Schienenkopfes.

Man erkennt aus diesen Darlegungen, daß die Deformationen und Beanspruchungen, welche Eisenbahnschienen im Betriebe erleiden, außerordentlich komplizierte sind und auf künstlichem Wege nicht erzeugt werden können. Es muß daher als verfehlt bezeichnet werden, wenn man, wie anderenorts geschehen (s. S. 11), zur Erzeugung der Veränderung von Schienenmaterial Dauerversuche mit Probestücken aus den inneren Teilen von Schienen anstatt mit ganzen Schienen (wie hier geschehen) ausführt.

Der Inanspruchnahme der Schiene durch äußere Kräfte entsprechend, treten die größten Materialspannungen im Schienenkopf und im Schienenfuß auf. Die ersteren überwiegen aber die letzteren erheblich, da, wie eben hervorgehoben wurde, der Schienenkopf außer den durch die Biegungsbeanspruchungen hervorgerufenen Normalspannungen noch Druckspannungen infolge der Stoßbeanspruchungen erleidet, welche die Räder verursachen. Von den Biegungsspannungen, die bei gekrümmten Schienen noch infolge des Anlaufens des Radkranzes der Räder hinzutreten, soll im vorliegenden Falle zur Vereinfachung der Untersuchung und da die Versuchsschienen gerade waren, abgesehen werden.

Die Stoßbeanspruchungen des Schienenkopfes bewirken ebenso wie die Schleifwirkung der Räder eine Abnutzung der Schienen. deren Gesamtwert als Verschleiß bezeichnet wird und in einem Verlust an Schienenquerschnitt besteht. Außerdem rufen die Stoßbeanspruchungen eine Verdichtung des Schienenmaterials an der Lauffläche des Schienenkopfes hervor, die, wie weiter unten gezeigt werden wird, den Verschleiß der Schiene beschleunigt.

Die Verdichtung läßt auf eine Veränderung der Härte des Materials und auf eine Beeinflussung der Festigkeitseigenschaften schließen. Die vielmaligen, wechselnden Biegungs- und Druckanstrengungen lassen dagegen nur dann eine Veränderung der Festigkeitseigenschaften des Metalles erwarten, wenn mechanische Beanspruchungen solche Veränderungen überhaupt hervorzurufen vermögen. Daß mit diesen Veränderungen eine Veränderung des Kleingefüges des Schienenmaterials verbunden ist, muß von vornherein als ausgeschlossen bezeichnet werden, da wie die Metallographie der Eisenkohlenstofflegierungen lehrt, Änderungen des Kleingefüges nur durch thermische Behandlung hervorgerufen werden können. Unter Gefügeänderung ist hierbei natürlich nur eine Veränderung der Gefügebildner selbst oder deren gegenseitige Anordnung zu verstehen. Formänderungen derselben oder Rissebildungen im Gefüge sollen im folgenden zur Unterscheidung als Strukturveränderungen bezeichnet werden.

BAUSCHINGER gelangte bei seinen Dauerversuchen[1]) zu dem Schlusse, daß die Struktur der Materialien durch vielmalige Beanspruchungen nicht verändert wird und auch MARTENS[2]) erklärt es als unwahrscheinlich, daß bei Dauerbeanspruchungen wesentliche Strukturveränderungen stattfinden.

---

[1]) Siehe Mitteilungen aus den Mech.-Techn. Laboratorien, München, Heft 13, S. 43.

[2]) MARTENS, Materialienkunde, Julius Springer, Berlin 1898, S. 232.

I. Allgemeines.

1. Begriff der Ermüdung des Eisens.

Ich nehme an, daß der Schienenstahl aus einem Haufwerk von Kristallen besteht, die nach Erkaltung des Gußblockes mehr oder weniger regelmäßig waren und durch den Walzprozeß deformiert wurden. Die einzelnen Moleküle des Eisens hängen durch Kohäsion zusammen und äußere Kräfte bezw. Materialspannungen können eine Trennung der Molekülaggregate erst dann hervorrufen, wenn sie die Kohäsionskraft überwinden.

Bei spröden Materialien, die nur verschwindend geringe Dehnbarkeit besitzen, oder die zur Ausbildung der Formänderungen längere Zeit benötigen, sind auch die Moleküle nur in geringerem Maße deformierbar und der Bruch erfolgt in den Begrenzungsflächen der Molekülaggregate, d. s. die Kristallbegrenzungsflächen, nach Überwindung der Kohäsionskraft, ohne daß eine wesentliche Deformation des Probekörpers vorangeht.

Anders ist es dagegen bei formbaren Materialien. Bevor bei diesen eine Trennung der Molekülaggregate stattfindet, erfolgt nach Überwindung der inneren Reibung des Stoffes eine Formänderung desselben, die entweder in einer Ausdehnung nach irgend einer Richtung besteht und eine Zusammenziehung nach der anderen, senkrecht zur ersteren stehenden Richtung zur Folge hat oder aber nur durch eine Verzerrung der Moleküle bedingt wird. Die Deformation der Moleküle schreitet unter der Wirkung der Materialspannungen fort, bis die Kohäsionskraft überwunden ist; da aber jede Formänderung eine gewisse Zeit zur Ausbildung bedarf, wird die Kohäsionskraft umso leichter überwunden, je schneller die Materialspannung gesteigert wird. Die Folge davon ist, daß bei Schlagbeanspruchungen und bei den bei Schwingungsversuchen auftretenden, plötzlich wirkenden Beanspruchnngen andere Brucherscheinungen vorkommen, als bei allmählich gesteigerten Beanspruchungen.

Allgemeines.

Das letztere trifft bei Schienenbrüchen zu, da die dabei entstehenden Bruchformen in der Regel mit den bei Schlagversuchen beobachteten übereinstimmen.

Überlegt man jetzt, daß jedem Bruch eine Formänderung vorausgehen muß, die unter Umständen unmessbar klein sein kann, so ergibt sich, daß eine Materialermüdung sich entweder in einer Festigkeitsverminderung des Stoffes oder in einer Verminderung der Formbarkeit desselben äussern muß. Eine Änderung der Kohäsionskraft ist aber kaum zu erwarten, so daß eine Ermüdung nur in verringerter Formbarkeit des Stoffes zum Ausdruck kommen kann.

Im allgemeinen muß der Begriff der Ermüdung als eine Verminderung der Arbeitsfähigkeit eines Lebewesens betrachtet werden und es dürfte im vorliegenden Falle zweckmäßig sein, diesen Begriff auch auf den leblosen Stoff zu übertragen und als Ermüdung die Abnahme seiner Arbeitsfähigkeit zu betrachten, da in diesem Faktor sowohl die Festigkeit, also die Kohäsionskraft der Moleküle, als auch die Formbarkeit zum Ausdruck kommt.

2. Ergebnis früherer Untersuchungen über Ermüdungserscheinungen.

Die bereits anderenorts mit Konstruktionseisen aus alten Brücken angestellten Versuche zur Ermittelung des Einflusses der jahrelang im Betriebe wiederholten Be- und Entlastungen ergaben, daß eine Veränderung der Festigkeit des Eisens nicht stattgefunden hatte. Man hatte für diese Versuche den Bauwerken Probestäbe aus Konstruktionsteilen entnommen, die den stärksten Beanspruchungen ausgesetzt gewesen waren und andere, die aus solchen stammten, welche keine oder wenigstens nur geringfügige Belastungs- und Spannungswechsel erlitten hatten. Im allgemeinen wurde bei diesen Versuchen nur die Festigkeit des Materials ermittelt und die übrigen physikalischen Eigenschaften wurden unberücksichtigt gelassen. Der Wert dieser Versuche wird dadurch geschmälert oder illusorisch gemacht, daß nicht angegeben worden ist, ob die entnommenen Eisenproben in Bezug auf ihre Erzeugung gleichen oder verschiedenen Ursprunges waren. Es darf mit Sicherheit angenommen werden, daß sie nicht der gleichen Charge entstammten und wahrscheinlich auch verschiedenen thermischen oder mechanischen Behandlungen unterzogen worden waren, die bekanntlich die mechanischen Eigenschaften des Eisens erheblich beeinflussen,[1]) weil sie das Kleingefüge verändern.

Die Ermüdungsversuche an Schienenstahl, über welche STANTON auf der 39. Jahresversammlung 1908 des Iron and Steel Institute berichtete,[2]) sind nur als Verschleißversuche anzusprechen, da bei ihnen das Schienenmaterial nicht auf seine physikalischen Eigenschaften vor und nach den Versuchen geprüft wurde, sondern nur eine Feststellung der äußeren Beschaffenheit des Materials nach vielmaliger Beanspruchung auf Biegung bezw. örtlicher Druckbeanspruchung stattfand.

Die von J. O. ARNOLD[3]) mitgeteilten Ergebnisse der Untersuchung von drei 18 bezw. 19 Jahre alten Eisenbahnschienen lassen annehmen, daß eine Verminderung der Festigkeit des Schienenmaterials durch den Betrieb nicht stattgefunden, die Dehnbarkeit sich aber ganz erheblich vermindert hatte.

Wie EWING und HUMFREY[4]) nachgewiesen haben, werden im Material von Eisenstäben, die dem Dauerversuch unterzogen wurden, bei mikroskopischer Beobachtung des Gefüges bereits nach einer verhältnismäßig geringen Zahl wechselnder Beanspruchungen feine Translationslinien bemerkbar, die bei fortgesetzter Beanspruchung an Zahl zunehmen, bis schließlich an den Stellen, wo sie besonders zahlreich ausgebildet sind, ein Riß entsteht. Die Ansicht, daß diese Translationslinien den Spaltebenen der einzelnen Kristalle entsprächen, ist nicht zutreffend, wie von OSMOND, FRÉMONT und CARTAND[5]) hervorgehoben wurde. Die Translationslinien verlaufen nicht geradlinig, wie es die Spaltlinien müssen, sondern sie bilden sich aus, wie es die Molekularstruktur erfordert.

Jedenfalls ist durch diese Mitteilungen bewiesen, daß durch vielmalige mechanische Beanspruchungen im Stoffe des Probestückes feine Risse entstehen, die nicht unmittelbar zum Bruche führen.

---

[1]) Siehe WAWRZINIOK, die elastischen Eigenschaften von Stahl, Metallurgie 1907.

[2]) Auszug, siehe Stahl und Eisen 1908, S. 784.

[3]) Engineering, Jahrg. 1909, S. 171.

[4]) EWING and HUMFREY, The Fracture of Metals under Repeated Alternations of Stress, Philosophical Transactions of Royal Society of London Bd. 200, S. 241.

[5]) Les modes de Déformation et de Rupture des Fers et Aciers doux. Revue de Métallurgie 1904, S. 36.

aber eine Verminderung des Zusammenhanges der Molekülaggregate hervorrufen und dadurch eine Veränderung der Materialeigenschaften verursachen.

3. Voraussetzungen bei Versuchen zur Feststellung von Materialermüdungen.

Wie bereits weiteroben hervorgehoben wurde, kann die Frage, ob durch die Betriebsbeanspruchungen eine Veränderung des Schienenstoffes eintritt, die einer Materialermüdung gleich zu erachten ist, nur durch umfangreiche und planmäßig durchgeführte Versuche der Klärung näher geführt werden. Im vorliegenden Falle war es daher erforderlich, Schienen zu benutzen, die alle gleichen Ursprunges waren und hinsichtlich ihrer Güte hohen Ansprüchen genügten.

Es ist allgemein bekannt, daß vornehmlich bei Erzeugung der in neuster Zeit fast ausschließlich verwendeten Flußstahlschienen manchmal stark gesaigerte Blöcke verwalzt werden, welche in der äußeren Ansicht tadellose Schienen ergeben, die aber bereits nach kurzer Betriebszeit am Schienenkopfe Beschädigungen aufweisen, welche sich bei der Untersuchung als von ausgewalzten Blasen herrührend, darstellen. Solche Schienen sind naturgemäß für Versuche der in Frage kommenden Art nicht geeignet, weil zur Erkennung von Veränderungen, die das Material im Betriebe erleidet, ein völlig gleichartiges Versuchsmaterial vorliegen muß, dessen Behandlungs- und Beanspruchungsweise zuverlässig bekannt ist. Es war daher notwendig, neben den auf Feststellung von Ermüdungserscheinungen hinzielenden Versuchen auch solche anzustellen, die Aufschluß über die Gleichartigkeit der Stoffbeschaffenheit an den verschiedenen Stellen der Schienenprofile geben und ebenso die Veränderungen klarstellen, welche die Oberfläche der Schiene durch den Betrieb erleidet.

Zu diesem Zwecke mußten Vergleichsversuche mit gebrauchten und mit ungebrauchten Schienen angestellt werden, die ursprünglich alle gleichartige Stoffbeschaffenheit besaßen, d. h. die Schienen mußten gleichzeitig und unter ganz gleichen Verhältnissen aus einem einzigen, sorgfältig gegossenen Stahlblock hergestellt worden sein.

Diesen Bedingungen entsprachen die bei den Versuchen für vorliegende Arbeit benutzten Eisenbahnschienen.

II. Art des Versuchsmaterials.

1. Ursprung und Behandlung der Versuchsschienen.

Die Schienen, 4 an der Zahl (Profil VI), wurden im Jahre 1904 in der Sächsischen Gußstahlfabrik Döhlen aus einem einzigen Siemens-Martinstahlblock gewalzt und gemäß Fig. 1 bezeichnet. Die Schiene Nr. 116 D wurde aufbewahrt, während die drei übrigen (116 A—C) auf der Eisenbahnstrecke Bodenbach-Dresden verlegt und durch das Personal der Königl. Generaldirektion der

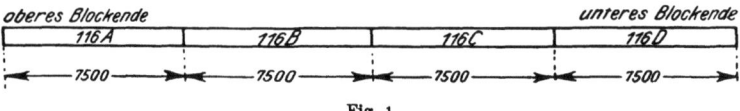

Fig. 1.

Sächs. Staatseisenbahnen unter den für die Schienenstatistik des Vereins Deutscher Eisenbahnverwaltungen maßgebenden Gesichtspunkten dauernd beobachtet wurden. Der Einbau der Versuchsschienen erfolgte in zweigleisiger Bahn in einer Krümmung mit dem Halbmesser von 1699 m und einem Gefälle von 1 : 2800. Die Überhöhung des äußeren Schienenstranges betrug 60 mm. Die Schienen wurden mit schwebendem Stoß auf hölzernen Querschwellen unter Verwendung von Hakenplatten im Verhältnis 1 : 20 geneigt, verlegt.

Während der 5jährigen Beobachtungszeit, d. i. vom 31. Juli 1904 bis 14. Juni 1909 wurde das Gleis von 27,349 Mill. Tonnen befahren. Während der ganzen Betriebszeit dagegen betrug die Last ca. 28 Mill. Tonnen.

Als größte Radbelastung wurden 8000 kg und als durchschnittliche (einschl. Lokomotiven) 3782 kg festgestellt. Es verkehrten täglich durchschnittlich 4,6 Schnellzüge, mit 77 km, 9,2 Personenzüge mit 51 km und 13,1 Güterzüge mit 33 km Geschwindigkeit.

2. Aussehen und Merkmale der im Betriebe gewesenen geprüften Schiene.

Im Juli 1909 wurde die Schiene 116 C aus dem Gleise entfernt und bei der Mechanisch-Technischen Versuchsanstalt Dresden

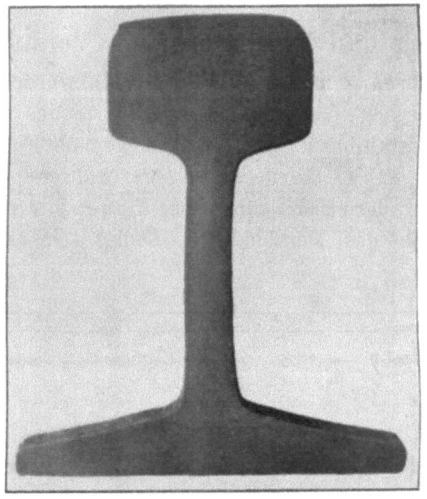

Fig. 2.

eingeliefert. Die Besichtigung der Schiene ergab, daß sie keine Verbiegungen oder Beschädigungen erlitten hatte, die Fahrbahn nur geglättet, der Schienenstoff des Kopfes an der Lauffläche jedoch gemäß Fig. 2 verquetscht war, eine Abnutzung der Seitenfläche des Schienenkopfes durch Anlaufen der Radkränze aber nicht stattgefunden hatte.

Das Gewicht der Schiene betrug pro lfd. Meter 45,96 kg im Gegensatz zu 46,50 kg pro lfd. Meter der unbenutzten Schiene. Die Abnutzung während der 5 jährigen Betriebsdauer belief sich somit auf 0,54 kg pro lfd. Meter, und es bestand die Gewichtsabnahme aus Stoffverminderung durch Verschleiß des Kopfes und durch Verzehrung infolge Rostens.

Das Trägheitsmoment der gebrauchten Schiene ergab sich durch graphische Ermittelung zu

$$\Theta_2 = 1633,05 \text{ cm}^4,$$

das der unbenutzt gebliebenen Schiene wurde dagegen zu

$$\Theta_1 = 1680,4 \text{ cm}^4$$

ermittelt.

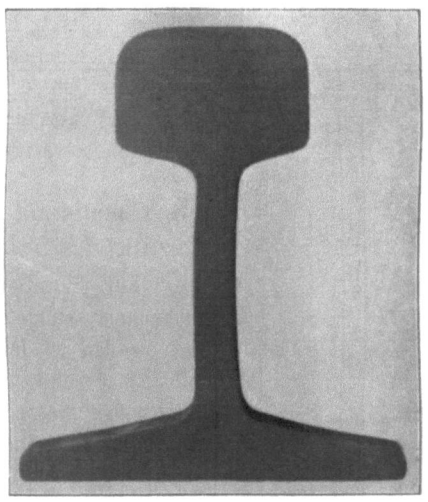

Fig. 3.

Die durch die Schienenabnutzung hervorgerufene Höhenverminderung des Schienenprofiles betrug 0,80 mm, entsprechend einer Querschnittsabnahme von 1,24 qcm.

Es besaß die unbenutzte Schiene eine Querschnittsfläche von 58,55 qcm und die gebrauchte eine solche von 57,31 qcm. Die Profilveränderung zeigt eine Vergleichung der beiden Fig. 2 und 3. Sie ergibt, daß die Abnutzung der Fahrbahn nicht in einer Ebene senkrecht zur vertikalen Mittelebene des Schienenstranges, sondern geneigt zu dieser erfolgte. Diese Erscheinung läßt darauf schließen, daß die Neigung der Schiene nicht mit der Steigung der kegel-

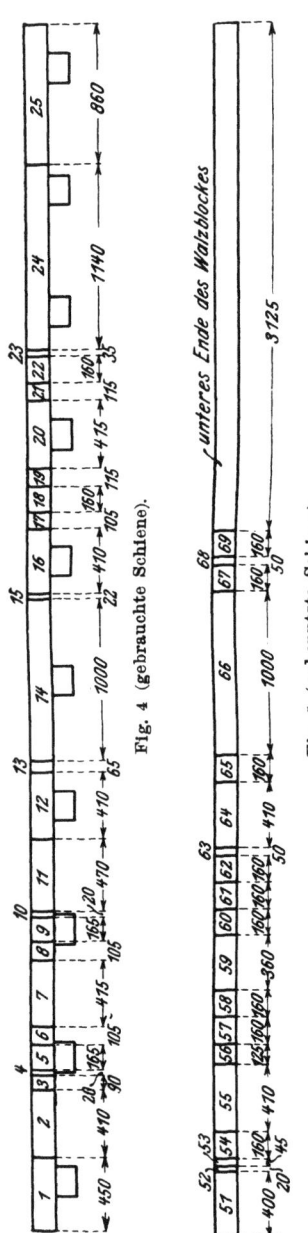

Fig. 4 (gebrauchte Schiene). Fig. 5 (unbenutzte Schiene).

förmig gestalteten Radkränze übereinstimmte, sondern eine größere Neigung vorhanden gewesen ist oder aber die Radkränze einen von der Norm abweichenden Steigungswinkel besaßen. Der Raddruck kam infolgedessen nicht auf die Mitte des Schienenkopfes zur Wirkung, sondern es erfolgte die größte Beanspruchung fast am äußeren Rande der Fahrbahn des Schienenkopfes, wie durch die später zu erläuternden Versuche zur Härtebestimmung der Fahrbahn bestätigt wurde.

3. Chemische Zusammensetzung des Schienenstoffes.

Für die chemischen Untersuchungen wurde Analysenmaterial an den in den Fig. 4 und 5 mit Nr. 4 und 53 bezeichneten Stellen der Schienen entnommen, wobei zur Erzielung einer Durchschnittsprobe auf einer Hobelmaschine von dem Schienenquerschnitt Späne abgehoben wurden, die zerkleinert und schließlich innig vermischt wurden.

Die Mittelwerte der Ergebnisse der durch Chemiker der Königl. Sächs. Mechanisch-Technischen Versuchsanstalt ausgeführten quantitativen Analyse waren folgende:

(Siehe die Tabelle auf S. 17.

Die Analysenergebnisse weisen nach, daß das Material beider

Schienen identisch ist und auch keine durch die Analysenwerte zum Ausdruck kommenden Saigerungen im Walzblock stattgefunden hatten. Das Material stellt sich vielmehr als ein gleichartiges dar.

Bestandteil	Unbenutzte Schiene %	Im Betriebe gewesene Schiene %
C	0,30	0,29
Si	0,20	0,20
Mn	0,99	1,01
P	weniger als 0,02	weniger als 0,02
S	0,040	0,043

4. Makroskopische Gefügebeschaffenheit.

Zur weiteren Feststellung der Gleichartigkeit des Schienenstoffes wurde mit wässeriger Kupferammoniumchloridlösung 1:12 eine Ätzung

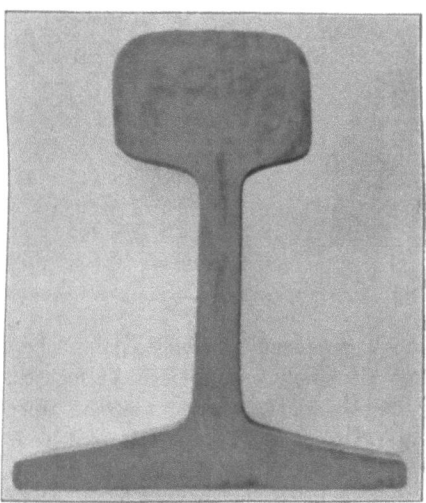

Fig. 6.

von 2, den Stellen Nr. 52 und 3 (s. Fig. 4 und 5) entstammenden Schienenquerschnitten vorgenommen, welche die aus Fig. 2 und 3 ersichtliche makroskopische Gefügebeschaffenheit entwickelte.

Art des Versuchsmaterials.

Man erkennt an den Ätzbildern, daß der für die Erzeugung der Schienen benutzte Block nicht völlig homogen war, sondern nach dem Inneren zu ein weniger dichtes Gefüge besessen hat. Außerdem weisen die Ätzbilder auf Phosphorsaigerungen, allerdings sehr geringen Umfanges, hin, die besonders durch eine weitere mit verdünnter Salzsäure 30 : 70 vorgenommene Ätzung[1]) (s. Fig. 6 und 7) sichtbar wurden.

Im allgemeinen führen die Ätzbilder in Verbindung mit den Ergebnissen der chemischen Analyse den Nachweis, daß das Material

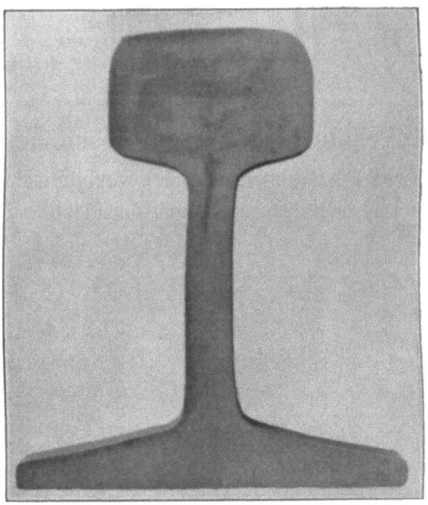

Fig. 7.

der beiden Schienen genügend gleichartig ist, um eine unmittelbare Vergleichung der an ihnen gewonnenen Versuchsergebnisse zu gestatten, wenn die Beanspruchungen beachtet werden, denen die Schienen nach der Erzeugung ausgesetzt wurden und bei der Entnahme des Versuchsmaterials für die Festigkeitsprüfungen auch der durch die Auflagerung der Schienen im Gleise bedingten verschiedenartigen Beanspruchungsweise Rechnung getragen wird.

Bei der vorliegenden Untersuchung ist dies geschehen, indem Unterschiede gemacht wurden zwischen dem Material der Schienen-

---

[1]) Siehe WAWRZINIOK, Handbuch des Materialprüfungswesens, Julius Springer, Berlin, S. 547.

teile, die im Betriebe in der Mitte zwischen zwei Schwellen und gerade über einer Schwelle lagen.

5. Beschaffenheit der Schienenlauffläche.

Vor Eintritt in die Versuche zum Studium der Ermüdung des Schienenmaterials mußte die Art der Veränderung desselben durch den Bahnbetrieb an der Lauffläche des Kopfes festgestellt werden. Die mikroskopische Beobachtung der Lauffläche der gebrauchten Schiene wies eine scheinbar dichtere Struktur nach, als sie das Material der unbenutzten Schiene besaß.

Hiernach war es nötig, die Art und den Grad der Veränderung des Schienenmaterials an dieser Stelle zu ermitteln. Gemäß der Beanspruchungsweise der Schienenköpfe durch die darüber rollenden Lasten, findet neben den örtlichen Druckbeanspruchungen, welche im vorliegenden Falle so hoch waren, daß an der Oberschicht die Fließgrenze des Materials überschritten wurde und eine Verdrückung des Kopfes erfolgte, eine Verdichtung des Laufflächenmaterials statt, welche eine Veränderung der mechanischen Eigenschaften desselben nach sich ziehen muß.

Zum Nachweis dieser Veränderung wurde die BRINELLsche Kugeldruckprobe benutzt. Der Kugeldurchmesser betrug 10 mm und die Druckbelastung 1000 kg. Die Kugel wurde an den mit 1, 2, 3, 4, 5, 6, 7, 8 bezeichneten Stellen (s. Fig. 8) in die Lauffläche des Schienenkopfes eingedrückt und dabei die jeweilige, in folgender Tabelle angegebene Härtezahl gefunden. Die Werte sind Mittelwerte aus je 3 Versuchsergebnissen.

Stelle der Lauffläche	Härtezahl (Mittelwert)
1	207
2	207
3	219
4	224
5	237
6	250
7	258
8	258

Zeichnet man die Werte der Tabelle als Ordinaten in das Schienenprofil ein, so ergibt sich die aus Fig. 8 ersichtliche Kurve.

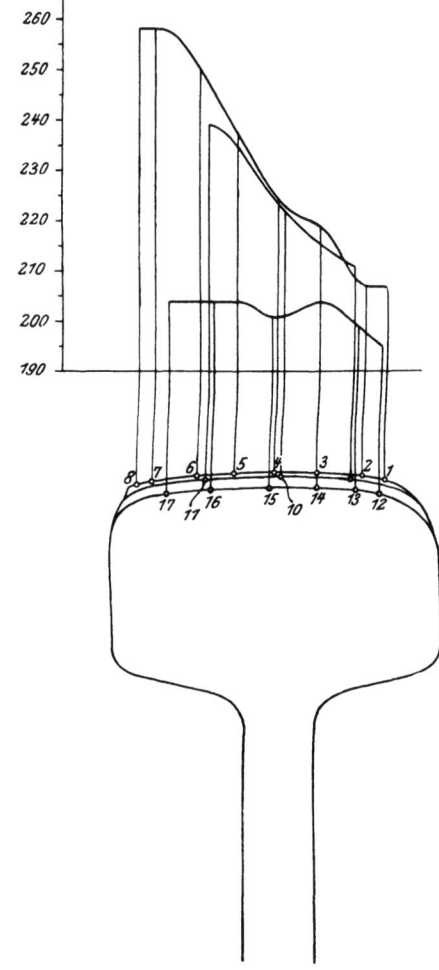

Fig. 8.

Man erkennt daraus, daß die Härte des Schienenmaterials nach der Seite der größten Formänderung erheblich zunimmt. Es bedeutet dies, daß trotz Auflockerung des Schienenmaterials infolge Fließens durch das Hämmern der Räder auf der Schiene eine Härtung statt-

Beschaffenheit der Schienenlauffläche.

fand. Die Härtung ist am größten an den Stellen der größten Beanspruchung, d. s. unter Berücksichtigung der Art der Radberührung (s. S. 16), die nach der Außenseite zu gelegenen Teile der Lauffläche (in bezug auf das Gleis).

Die Härtung ist aber nur eine oberflächliche, wie die folgenden Untersuchungen nachwiesen.

Nach Entfernung einer 1,00 mm dicken Schicht von der Schienenlauffläche ergaben sich bei der Härteprüfung folgende Härtezahlen:

Stelle des Schienenkopfes	Härtezahl (Mittelwert)
9	211
10	222
11	239

Die Werte weisen nach, daß die Härtung in 1 mm Abstand von der Lauffläche des Schienenkopfes wohl noch bemerkbar, aber bereits geringer ist.

Eine nochmalige Prüfung nach Abheben einer weiteren 2 mm dicken Schicht ergab dagegen, daß im Abstande von 3 mm von der Schienenlauffläche das Material keine Härtung erfahren hatte und die Grenze des Einflusses der örtlichen Schlagbeanspruchungen somit überschritten war.

Dieses Ergebnis stimmt mit der Materialbeschaffenheit überein, welche das Ätzbild (Fig. 9) erläutert, da dieses deutlich die Abgrenzung der beeinflußten Schicht in 3 mm Abstand von der Lauffläche zeigt.

Die beim letzten Versuch gewonnenen Ergebnisse sind in folgender Tabelle enthalten und als Ordinaten ebenso wie die des vorhergehenden Versuches in die Fig. 8 eingetragen.

Stelle des Schienenkopfes	Härtezahl (Mittelwert)
12	195
13	199
14	204
15	201
16	204
17	204

22 Art des Versuchsmaterials.

Die mikroskopische Untersuchung der von der scheinbaren Härtung betroffenen Schicht ergab, daß eine Verdichtung des Materials innerhalb derselben stattgefunden hatte. Gleichzeitig war bei sehr starken Vergrößerungen zu erkennen, daß diese Schicht mit unzähligen sehr feinen, kurzen und sich kreuzenden Rissen durchzogen war.

Um diese Risse der Beobachtung zugänglicher zu machen und um gleichzeitig festzustellen, bis zu welcher Tiefe die Veränderung des Materials stattgefunden hatte, wurde der Kopf eines Schienenquerschnittes eben geschliffen, dann poliert und hiernach kräftig mit Kupferammoniumchloridlösung 1 : 12 geätzt. Diese Behandlung ergab eine Dunkelfärbung der in Betracht kommenden Zone, reichte aber

Fig. 9. (Vergrößerung = 1,4).

nicht aus, um die Begrenzung der Schicht einwandfrei sichtbar zu machen. Es wurde deshalb eine 72 stündige Ätzung mit wässeriger Salzsäure 30 : 70 vorgenommen, die mit Deutlichkeit die beeinflußte Schicht freilegte. Fig. 9 zeigt diese Schicht und die Fig. 8 weist nach, daß an denjenigen Stellen, wo die tiefgehendste Materialveränderung, also die größte Beanspruchung stattgefunden hatte, die Schienenoberfläche auch die größte Härte besaß.

Das Ergebnis dieses Ätzversuches berechtigt auch zu dem Schlusse, daß die oben erwähnten, bei starker Vergrößerung beobachteten Risse keine Täuschung waren, sondern daß durch die hämmernde Wirkung der Wagenräder eine Trennung der Materialteilchen stattgefunden hatte. Unter Berücksichtigung der großen stattgehabten Formänderung dieser Schicht, welche sich bereits aus der seitlichen Verquetschung des Schienenmaterials ergibt, dürfte der weitere Schluß berechtigt sein, daß das Material daselbst neben den schlagartig wirkenden Druckspannungen teilweise Zug- und Schubspannungen erlitten hat, die der Zug- und Schubfestigkeit des Materials gleichkamen und dadurch eine Trennung der Stoffteilchen bewirkten.

Eine weitere Erscheinung, welche auf die Veränderung des Schienenmaterials in der Nähe des Schienenkopfes hinweist, ist die durch den Betrieb bedingte Zunahme der Lösbarkeit desselben in verdünnter Schwefelsäure. Lösungsversuche mit 1 % Schwefelsäure ergaben die in folgender Tabelle enthaltenen Werte:

Gewichts-abnahme, d. i. Lösbarkeit nach Einwirkung der Säure während:	Das Probestück entstammt:			
	der gebrauchten Schiene aus		der unbenutzten Schiene aus	
	Schicht I	Schicht II	Schicht I	Schicht II
	Probestück 1	Probestück 2	Probestück 3	Probestück 4
	%	%	%	%
24 Stunden ..	0,510	0,961	0,530	0,844
48 „ ..	0,931	1,756	0,985	1,180
96 „ ..	1,301	2,452	1,333	1,580
144 „ ..	1,319	2,468	1,361	1,604

Benutzt wurden dabei Metallstücke von den aus Fig. 10 und 11 ersichtlichen Abmessungen, die aus dem Schienenkopfe gemäß denselben Figuren herausgeschnitten worden waren. Die Probestücke waren an allen Seiten mit der Schlichtfeile blank bearbeitet, hiernach gereinigt und nach Feststellung ihres Gewichtes mit 1 % Schwefelsäure während 6 Tagen behandelt worden. Nach Verlauf von 24, 48 usw. Stunden wurden sie gewaschen, getrocknet und ihre Gewichtsabnahme ermittelt.

Während die der Schicht I des Schienenkopfes entstammenden Metallstücke annähernd gleiche Gewichtsabnahme besaßen und übereinstimmendes Aussehen behielten, zeigten die aus der Schicht II herrührenden Probestücke verschiedene Gewichtsabnahme und auch Abweichungen der Art des Säureangriffes. Das der neuen Schiene entstammende Stück war allseitig gleichmäßig angegriffen worden, nur waren an einigen Stellen, ebenso wie bei den Stücken aus

Schicht I, an den Flachseiten Längsschnitte und an den Querseiten Querschnitte durch ausgewalzte Poren erweitert und dadurch sichtbar gemacht worden.

Das Probestück aus der Schicht II der gebrauchten Schiene zeigte dagegen an der, der Lauffläche des Schienenkopfes entsprechenden Fläche einen erheblichen Säureangriff. Die Lösbarkeit betrug nämlich nach 144 Stunden 2,468 $^0/_0$ gegenüber 1,604 $^0/_0$ bei der neuen Schiene.

Wie die Kurven Nr. 1—4 in Fig. 12, welche den Verlauf des Säureangriffes während 24, 48, 96, 144 Stunden darstellen, erkennen lassen, erfolgte der Säureangriff während der ersten 24 Stunden am stärksten und ließ im weiteren Verlauf der Versuche nach.

Es bestätigen somit die Lösungsversuche die schon auf Seite 22 geäußerte Annahme, daß durch die Betriebsbeanspruchungen der

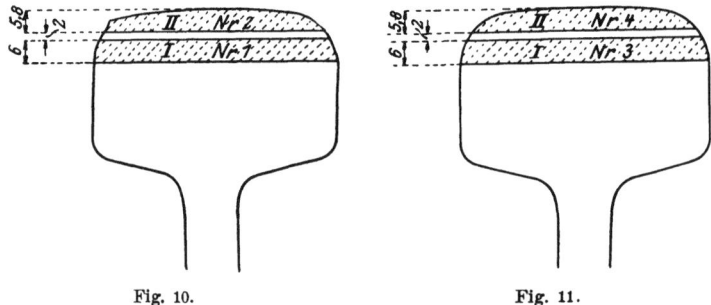

Fig. 10. Fig. 11.

Zusammenhang der einzelnen Molekülgruppen in der Nähe der Fahrbahn gestört und dadurch Risse entstanden waren, in welche die Säure leicht einzudringen vermochte. Die Versuchsergebnisse bestätigen aber auch die bekannte Tatsache, daß der Verschleiß der Lauffläche von Eisenbahnschienen nicht allein durch die Reibung zwischen Schiene und Rad bewirkt wird, sondern daß die schlagartige Inanspruchnahme der Schienenlauffläche die Hauptursache des Verschleißes sein dürfte. Sie scheint aber auch der Anlaß zu der häufig beobachteten Erscheinung zu sein, daß sich von der Fahrbahn stark befahrener Schienengeleise Metallplättchen ablösen, die oft mehrere Millimeter dick sind und sich bei eingehender Beobachtung als Teile einer Oberschicht des Schienenkopfes darstellen, die, wie auf Seite 20 auseinandergesetzt wurde, eine größere Härte besitzt und mit dem übrigen Schienenmaterial nur unvollkommen zusammenhängt.

Wichtig für die Beurteilung des Verschleißes von Eisenbahnschienen ist auch die verschiedene Materialbeschaffenheit an den verschiedenen Stellen des Schienenquerschnittes, welche bewirkt, daß der Verschleiß mit fortschreitender Abnutzung des Schienenprofiles zu oder abnimmt. Nach der Mitte des Profiles zu ist bekanntlich der Schienenstoff weniger dicht, weil der Einfluss des

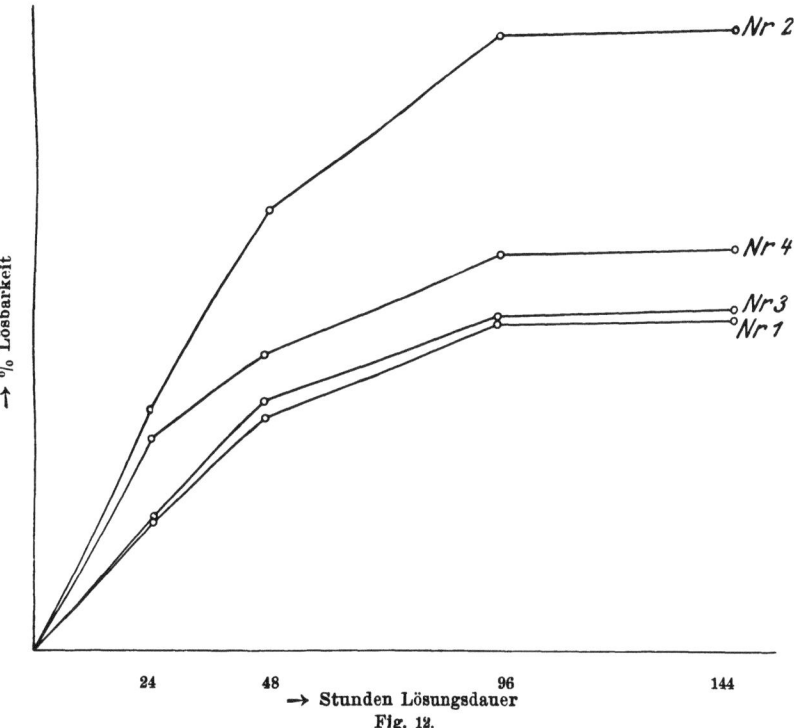

Fig. 12.

Walzendruckes beim Auswalzen der Schiene nach dem Inneren des Walzgutes zu, abnimmt. Die Folge hiervon muß sein, daß die Härte und die Festigkeit des Schienenstoffes an den verschiedenen Profilstellen verschieden sind und dieser Umstand weist darauf hin, daß bei Vergleichsversuchen mit Schienen die Versuchsstücke immer gleichen Stellen des Schienenprofiles entnommen werden müssen. Da bei den vorliegenden Versuchen der Entnahme der Probestücke, aus den weiter oben angeführten Gründen, besondere

26 Art des Versuchsmaterials.

Beachtung geschenkt werden mußte, wurde zur Feststellung des Grades der Stoffverschiedenheit an der für den Verschleiß und für die Ermüdung des Stoffes wichtigsten Stelle des Schienenprofiles, nämlich dem Kopfe, folgender Versuch ausgeführt.

Von dem Kopfe des Stückes Nr. 51 der unbenutzten Schiene wurde durch Schleifen Material abgehoben, sodaß der Schienenkopf die aus Fig. 13 ersichtlichen Absätze aufwies. Hiernach wurden mittelst der BRINELLschen Kugeldruckprobe die einzelnen Kopfzonen geprüft und dabei folgende mittlere Härtezahlen gefunden:

Nummer der Schicht	Abstand der Materialschicht von der Lauffläche des Schienenkopfes mm	Härtezahl Kugeldurchmesser 10 mm Kugelbelastung 1000 kg
1	0,0	177,0
2	0,8	203,5
3	1,8	210,3
4	2,8	202,2
5	3,8	202,8
6	5,0	182,9
7	10,0	181,5
8	15,0	192,5
9	20,0	191,4
10	25,2	184,5

Die Tabellenwerte zeigen, daß die Härte des Schienenkopfes bis zu 1,8 mm Entfernung von der Lauffläche zunimmt und in tiefer gelegenen Zonen eine geringere Härte vorhanden ist. Die Zunahme der Härte ist jedoch nur scheinbar und durch die Art der Härtebestimmung bedingt. In Wirklichkeit ist die Stoffhärte an der Lauffläche des Schienenkopfes größer, da bei der Abkühlung der Schiene eine geringe Härtung der Oberfläche eintritt. Bei ihrer Bestimmung nach der BRINELLschen Methode muß sich aber eine geringere Härtezahl ergeben, da die Oberfläche nicht völlig eben und mit feinen Rissen durchzogen ist, was das Eindringen der Kugel in den Schienenstoff begünstigt.

Es deckt sich das Versuchsergebnis auch mit den Ergebnissen der Ätzproben (siehe S. 17), nach denen das Material des Schienenkopfes nach dem Inneren zu weniger dicht ist. Da aber im allgemeinen bei Metallen zwischen Dichtigkeitsgrad und Härte eine

Fig. 13.

gewisse Abhängigkeit besteht, indem — gleichartige Metalle vorausgesetzt — der größeren Dichtigkeit auch eine größere Härte entspricht, darf das Ergebnis als Bestätigung dieser Erfahrungstatsache betrachtet werden.

III. Versuche zur Feststellung der Ermüdung des Schienenmaterials.

1. Biegeversuche.

Ausgehend von der Erwägung, daß durch die vielmaligen Biegungsbeanspruchungen, welche die Schienen im Betriebe erleiden, eine Ermüdung des Schienenmaterials stattfindet, die eine Verminderung der Elastizität bei Biegung der Schienen zur Folge hat, wurden Biegeversuche mit Stücken der unbenutzten und der im Betriebe gewesenen Schiene ausgeführt. Von der ersteren Schiene wurde das Stück Nr. 66 (s. Fig. 5) und von der letzteren die Stücke Nr. 14 und 24 (s. Fig. 4) für die Versuche benutzt.

Die Entnahme des Stückes Nr. 66 erfolgte wahllos, während die Stücke Nr. 14 und 24 unter Berücksichtigung der Betriebsverhältnisse entnommen wurden. Wie aus Fig. 4 ersichtlich ist, entstammt das Stück Nr. 14 einem Teile der Schiene, welcher in der Mitte seiner Länge von einer Schwelle unterstützt war und daher nach unten nur geringe Durchbiegungen erlitten haben konnte. Es mußte sich somit das Stück hinsichtlich Biegung angenähert in dem ehemaligen Zustande befinden, da es nur unbedeutende Biegungsbeanspruchungen erlitten hatte. Das Stück Nr. 24 entsprach dagegen einem Teile der Schiene, welcher sich zwischen zwei Schwellen befunden und somit die größtmöglichsten Biegungsbeanspruchungen erfahren hatte. Die gleichartige Prüfung der beiden Arten von Schienenstücke mußte somit den Nachweis führen, ob eine Veränderung der Materialeigenschaften durch die vielmaligen Biegungsanstrengungen hervorgerufen wurde, und die Vergleichung der Versuchsergebnisse mit den an der unbenutzten Schiene gewonnenen mußten den Einfluß klarstellen, den die übrigen, auf die Schiene einwirkenden Beanspruchungen auf die Materialeigenschaften derselben ausübten.

Biegeversuche.

Bei den zu diesem Zwecke angestellten Biegeversuchen wurden die 1 m langen Schienenstücke auf den beweglichen Widerlagern einer vertikalen AMSLERschen Materialprüfungsmaschine mit 80 cm Stützweite entsprechend dem Schwellenabstand gelagert und gemäß dem Schema Fig. 14 belastet.

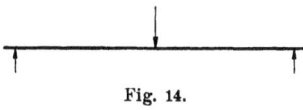

Fig. 14.

Fig. 15.

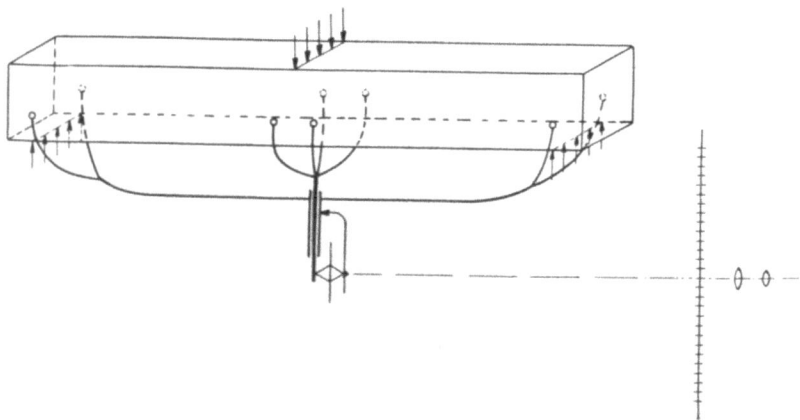

Fig. 16.

Zur Messung der Durchbiegungen der Schiene diente der in Fig. 15 abgebildete Apparat. Sein Konstruktionsgrundsatz ist aus Fig. 16 ersichtlich.

30 Versuche zur Feststellung der Ermüdung des Schienenmaterials.

Die Belastungen wurden stufenweise um je 500 kg gesteigert und die dabei auftretenden elastischen und bleibenden Durchbiegungen gemessen.

Die im Betriebe aufgetretene größte Belastung der Schiene zwischen zwei Schwellen hatte 8000 kg betragen und es wurde deshalb der Biegeversuch bis zu dieser Belastung ausgedehnt.

Es ergab sich, daß bei 8000 kg Belastung weder die unbenutzten noch die im Betriebe gewesenen Schienenstücke bleibende Durchbiegungen erlitten. Die auf gleiche Trägheitsmomente reduzierten elastischen Durchbiegungen y und die daraus errechneten Dehnungskoeffizienten α des Materials sind in folgender Tabelle enthalten.

a) Unbenutzte Schiene . . . . Probestück Nr. 66.	Durchbiegung $y = 0{,}00186$ cm Dehnungskoeffizient $\alpha = \dfrac{1}{1\,706\,000}$
b) Benutzte Schiene . . . . . α) bei Stützung an den Schwellenwiderlagerstellen . . . Probestück Nr. 24.	Durchbiegung $y = 0{,}00179$ cm Dehnungskoeffizient $\alpha = \dfrac{1}{1\,773\,000}$
β) bei Anordnung des Schwellenstützpunktes in der Mitte zwischen den Widerlagern Probestück Nr. 14.	Durchbiegung $y = 0{,}00186$ cm Dehnungskoeffizient $\alpha = \dfrac{1}{1\,706\,000}$

Bei Berechnung des Dehnungskoeffizienten wurde unberücksichtigt gelassen, daß die Schienenstücke, da ihre Querschnittshöhe gegenüber der Stützweite verhältnismäßig groß war, beim Versuch außer Biegungsspannungen noch erhebliche Schubspannungen erfahren hatten. Dieses Vorgehen war zulässig, weil das Verhältnis von Querschnittshöhe zu Stützweite bei allen Probestücken gleiche Größe besaß und somit eine Vergleichung der nach diesem Verfahren gewonnenen Versuchsergebnisse angängig ist. Die Werte zeigen, daß durch den Betrieb die elastischen Eigenschaften der Schienen insofern eine Veränderung erlitten haben, als die zwischen zwei Schwellen liegenden Schienenstücke unelastischer geworden waren. Bei dem Stück dagegen, dessen gefährlicher Querschnitt im Betriebe durch eine Schwelle unterstützt war, konnte keine Veränderung der elastischen Eigenschaften nachgewiesen werden, trotzdem der Schienenkopf an der Lauffläche, wie auf S. 19 dargelegt wurde, stark verändert worden war.

Unter Berücksichtigung der Art der Schienendurchbiegungen dürfte die Annahme berechtigt erscheinen, daß durch die vielmaligen Durchbiegungen der Schiene Nr. 24 im Betriebe, welche in gleicher Richtung wie beim Versuch erfolgten, also im Schienenkopf Zusammendrückungen und im Schienenfuß Verlängerungen der Materialfasern hervorriefen, eine Ermüdung des Materials stattgefunden hat, die eine Abnahme der Elastizität zur Folge hatte. Trotzdem die Abnahme nur gering ist, muß sie doch als vorhanden gelten, um so mehr, als durch die Auflockerung des Materials an der Lauffläche des Schienenkopfes eine Verminderung der Homogenität des Schienenmaterials und somit der Festigkeit stattgefunden hatte, die auf Vergrößerung der Durchbiegungsfähigkeit hinwirkt.

Bei dem Schienenstück Nr. 14, das in der Mitte seiner Länge durch eine Schwelle unterstützt war, haben im Betriebe die entgegengesetzten Formänderungen stattgefunden, so daß der Schienenkopf Zugspannungen und der Fuß Druckspannungen erlitten hat.

Das Versuchsergebnis zeigt, daß diese vielmaligen Spannungswechsel keinen Einfluß auf die elastischen Eigenschaften ausgeübt haben, was auch zu erwarten war. Inwieweit aber die Änderung der Oberschicht des Schienenkopfes auf das Versuchsergebnis einwirkt, läßt sich hierbei nicht klären.

2. Druck- und Zugversuche.

Um festzustellen, ob der Schienenkopf oder der Fuß die Veränderung der elastischen Biegefähigkeit der Schiene verursachte, wurden sowohl der Schienenkopf, als auch der Fuß von der Schiene abgetrennt und der erstere auf Druck und der letztere auf Zug unter Messung der elastischen Dehnungen geprüft. Die Art der Beanspruchungen war bedingt durch die Abmessungen der zu prüfenden Stücke und sie entprach der Beanspruchungsweise der zwischen zwei Schwellen liegenden Schienenstücke.

Die bei dieser Biegungsbeanspruchung im Schwerpunkt des Schienenkopfes bezw. des Schienenfußes auftretende Zug- und Druckspannung ergab sich durch Rechnung zu:

32 Versuche zur Feststellung der Ermüdung des Schienenmaterials.

bezw. ∼ 500 kg/qcm

∼ 620 kg/qcm.

Es wurden daher bei den Versuchen die diesen Spannungen entsprechenden Belastungen als höchste Kräfte verwendet. Sie betrugen mit Rücksicht auf die Querschnitte der Probestäbe:

13 000 kg bei den Druckversuchen
mit dem Schienenkopf

und

12 000 kg bei den Zugversuchen
mit dem Schienenfuß.

Die Probestäbe besaßen die aus Fig. 17 und 18 ersichtlichen Formen und entstammten den Teilen Nr. 55, 2 und 12 der Schienen (s. Fig. 4 und 5). Die Endflächen der Druckprobekörper Fig. 17 wurden eben und planparallel geschliffen, während die Enden der Zugprobekörper Fig. 18 mit Rillen zum Einsetzen in die Einspannvorrichtung versehen wurden.

Als Meßlänge für den zu den Elastizitätsmessungen benutzten MARTENSschen Spiegelapparat wurde eine Strecke von 15 bezw. 10 cm Länge auf den Probestücken durch leichtes Anschleifen der Oberfläche der Probekörper an den Stellen a und b abgegrenzt. Das Anschleifen geschah im Interesse guter Anlage der Schneiden des Spiegelapparates an der sonst unebenen Oberfläche der Probestücke. Im übrigen fand keine Bearbeitung der Probestücke statt.

Fig. 17.

Fig. 18.

Die Druckversuche wurden in einer AMSLERschen vertikalen Materialprüfungsmaschine und die Zugversuche in der Werdermaschine in der Weise ausgeführt, daß die Belastungen stufenweise um je 1000 kg gesteigert und als Unterlage zur Berechnung des Dehnungskoeffizienten für jede Laststufe die elastische und die bleibende Dehnung gemessen wurde.

Die Versuche lieferten folgende Ergebnisse:

a) **Druckversuche mit Stücken aus dem Schienenkopf:**

Ursprung des Probestückes	Unbenutzte Schiene. Stück Nr. 55	Gebrauchte Schiene. Das Probestück lag:	
		zwischen zwei Schwellen. Stück Nr. 2	über einer Schwelle. Stück Nr. 12
Dehnungs- koeffizient	$\dfrac{1}{2\,117\,000}$	$\dfrac{1}{2\,188\,000}$	$\dfrac{1}{2\,206\,000}$

b) **Zugversuche mit Stücken aus dem Schienenfuß:**

Ursprung des Probestückes	Unbenutzte Schiene. Stück Nr. 55	Gebrauchte Schiene. Das Probestück lag:	
		zwischen zwei Schwellen. Stück Nr. 2	über einer Schwelle. Stück Nr. 12
Dehnungs- koeffizient	$\left(\dfrac{1}{1\,947\,000}\right)$	$\dfrac{1}{2\,012\,000}$	$\dfrac{1}{2\,154\,000}$

Zur Erörterung der Frage, welche Teile der Schiene die Verminderung der Biegefähigkeit hervorgerufen haben, sind die Versuchsergebnisse der Schienenstücke Nr. 55 und Nr. 2 zu benutzen, da für sie die Beanspruchung beim Versuche den Betriebsbeanspruchungen entspricht.

Die Ergebnisse zeigen, daß durch diese Beanspruchungen sowohl der Dehnungskoeffizient des Schienenkopfes als auch des Schienenfußes erniedrigt worden ist und somit beide Teile — jeder für sich als Ganzes betrachtet — Ermüdungserscheinungen aufweisen. Solche Erscheinungen machen sich aber auch bei dem Schienenstück Nr. 12 bemerkbar, obgleich es im Betriebe nur die entgegengesetzten Beanspruchungen wie beim Versuche erlitten hat,

34 Versuche zur Feststellung der Ermüdung des Schienenmaterials.

und man erkennt daraus, daß auch diese Beanspruchungen Materialveränderungen verursachten.

Bei den bisherigen Versuchen konnte der Einfluß nicht ausgeschaltet werden, den die durch den Betrieb hervorgerufenen Oberflächenveränderungen der Schiene auf das Versuchsergebnis ausübten. Diese Veränderungen bestanden nicht nur in der Verquetschung des Schienenkopfes durch die schlagartig wirkenden Radbeanspruchungen, sondern es wurde das Ergebnis der Versuche auch durch die Schwierigkeit der Bestimmung des Querschnittes der Probekörper beeinflußt, welche durch den starken Rostangriff der Oberfläche des Schienenfußes und des Kopfes bedingt war. Da aber schon geringe Abweichungen von der Genauigkeit der Querschnittsabmessungen die zur Berechnung des Dehnungskoeffizienten benötigte Spannung verändern, dürfen die bei diesen Versuchen für den Dehnungskoeffizienten gefundenen Werte nur als Näherungswerte betrachtet werden. Um nun diese genannten Einflüsse auszuschalten, wurden weitere Versuche, und zwar Zugversuche mit regelmäßig gestalteten, aus genau übereinstimmenden Stellen des Schienenquerschnittes herrührenden Probekörpern ausgeführt, welche dem Schienenkopfe und Fuße entnommen worden waren.

Sie gestatteten neben Ermittelung der elastischen Eigenschaften auch die Feststellung, ob die vielmaligen Beanspruchungen eine Verschiebung der Elastizitätsgrenze im ungünstigen Sinne oder eine Veränderung der Spannungsverhältnisse an der Fließ- und an der Bruchgrenze des Materials hervorgerufen hatten.

Die Probekörper, Zerreißstäbe mit 4,9 qcm Querschnitt,[1]) entstammten durchweg den gleichen Teilen des Schienenkopfes bezw. des Schienenfußes. Bei den ersteren wurden zur Messung der Dehnungen beim Zugversuch die Schneiden eines MARTENSschen Spiegelapparates derartig angesetzt, daß ihre Berührungspunkte in einer Ebene lagen, die senkrecht zur Symmetrieachse des Schienenquerschnittes steht. Durch diese Anordnung des Spiegelapparates wurde bezweckt, daß bei den als Vergleichsprüfung zu betrachten-

---

[1]) Die Probestäbe wurden nicht als Normalstäbe mit 20 mm Durchmesser bezw. 3,14 qcm Querschnitt hergestellt, weil Wert darauf gelegt wurde, eine größere Materialmenge der Prüfung zu unterziehen und außerdem die Vorschriften des Vereins Deutscher Eisenbahnverwaltungen für Rundstäbe einen Durchmesser von 25 mm bezw. für Flachstäbe einen Querschnitt von 4,9 qcm fordern.

den Versuchen immer die Dehnungen gleicher Stabteile gemessen wurden, wodurch die Ergebnisse unmittelbar vergleichbar sind.

Bei den Zugversuchen mit den Flachstäben wurde der Spiegelapparat an den Schmalseiten der Stäbe angesetzt und im übrigen der Versuch in gleicher Weise wie mit den Rundstäben ausgeführt. Die Messungsergebnisse wurden alsdann nach graphischer Ausgleichung zur Berechnung des Dehnungskoeffizienten und zur Bestimmung der Elastizitätsgrenze und der Proportionalitätsgrenze des Schienenmaterials benutzt. Die errechneten Werte sind ebenso wie die Spannungen an der Fließ- und Bruchgrenze neben den Bruchdehnungen und Kontraktionen der Probestäbe in der Tabelle auf S. 37 zusammengestellt. Die Tabelle enthält außerdem die Zerreißarbeiten für die Probestäbe. Sie wurden aus den durch graphisches Auftragen der Spannungen und der unmittelbar gemessenen Stabdehnungen gezeichneten Arbeitsdiagrammen ermittelt und gestatten demnach eine unmittelbare Beurteilung der Materialien dahingehend, ob eine Verminderung der Arbeitsfähigkeit durch die Betriebsbeanspruchungen stattgefunden hat. Eine Verminderung der Arbeitsfähigkeit würde aber unmittelbar einer Ermüdung des Materials entsprechen und infolgedessen den Nachweis liefern, daß im Inneren des Schienenstoffes Veränderungen stattgefunden haben, welche die Ermüdung veranlaßten. Jedenfalls müssen mit Änderungen der mechanischen Eigenschaften Strukturveränderungen[1]) Hand in Hand gehen, wenn nicht andere Vorgänge, z. B. Ausgleich innerer Spannungen, die Arbeitsfähigkeit beeinflussen.

Die Versuchsergebnisse zeigen für das Material des Schienenkopfes folgendes:

Durch die vielmaligen Druck- bezw. Zugbeanspruchungen ist die Elastizitätsgrenze des Materials der gebrauchten Schiene erniedrigt worden, und zwar bei dem auf Zug beansprucht gewesen mehr als bei dem, welches vorwiegend Druckspannungen erlitten hatte. Die Dehnungskoeffizienten dagegen zeigen, daß keine Veränderung der elastischen Eigenschaften stattgefunden hat. Wenn sie auch von den betreffenden Werten des unbenutzten Schienenmaterials abweichen, so können hieraus Schlüsse auf Veränderungen

---

[1]) Struktur besitzt hier nicht die gleiche Bedeutung wie Gefüge. Unter Gefügeänderung soll nur die durch thermische Einwirkung bedingte Änderung des Kleingefüges verstanden werden (s. S. 8).

der Elastizität nicht gezogen werden, weil diese Abweichungen verhältnismäßig gering sind und nach den Erfahrungen innerhalb der durch die Unhomogenität des Materials bedingten Grenzen liegen.

Es liefert das Ergebnis somit den Nachweis, daß der Schienenstoff im Inneren des Schienenkopfes wie auch schon das sonstige Verhalten des Materials lehrt, durch den Betrieb keinesfalls über die Fließgrenze hinaus beansprucht worden ist, da anderenfalls unter Berücksichtigung der von BAUSCHINGER auf Grund der Ergebnisse seiner Dauerversuche ausgesprochenen Folgerung eine Vergrößerung des Dehnungskoeffizienten hätte eintreten müssen.

Dieses Ergebnis ist von Wichtigkeit für die Beurteilung der Fließ- und der Bruchgrenze der geprüften Stäbe.

(Siehe die Tabelle auf S. 37.)

Nach den Ergebnissen der WÖHLERschen und der BAUSCHINGERschen Dauerversuche soll erst durch vielmalige Beanspruchung des Eisens über die Fließgrenze hinaus eine Erhöhung dieser und der Bruchgrenze stattfinden. Bei den vorliegenden Versuchen hat sich aber, trotzdem der Dehnungskoeffizient keine Veränderung erfahren hat, sowohl eine Erhöhung der Fließgrenze als auch der Bruchgrenze durch die Betriebsbeanspruchungen gezeigt, und zwar ist die Erhöhung bei denjenigen Stäben größer, deren Material im Betriebe vorwiegend Druckspannungen ausgesetzt gewesen war. Die Erhöhung der Fließspannung beträgt 11,5 % und die der Bruchspannung 13,5 %. Diese Spannungszunahme muß als eine erhebliche bezeichnet werden, so daß mit Sicherheit anzunehmen ist, daß nicht nur vielmalige Beanspruchungen des Materials über die Fließgrenze hinaus, wie oben erwähnt wurde, eine Verlegung dieser kritischen Punkte bewirken, sondern daß auch durch andere Einflüsse diese Erscheinung hervorgerufen werden kann. Prüft man die Ergebnisse der Versuche mit den Rundstäben Nr. 12 und 20, deren Material vorwiegend Zugspannungen erlitten haben dürfte, so ergibt sich, daß die Zunahme der Spannung an der Fließgrenze nur 3 % und die an der Bruchgrenze 5,8 % beträgt. Es dürfte dies daher rühren, daß die Spannungen im Betriebe nur verhältnismäßig niedrige gewesen sind, was durch die Art der Schienenunterstützung bedingt ist. Da jedoch die Erhöhung der Fließ- und Bruchgrenze weder bei den ersteren noch bei den letzteren Stäben durch die bekannten Ergebnisse von Dauerversuchen motiviert wird,

Druck- und Zugversuche.

Ursprung der Probestäbe	Bezeichnung des Schienenstückes	Elastizitätsgrenze kg/qcm	Proportionalitätsgrenze kg/qcm	Dehnungskoeffizient	Spannung an der Fließgrenze kg/qcm	Spannung an der Bruchgrenze kg/qcm	Bruchdehnung %	Kontraktion %	Zerreißarbeit cmkg/ccm
Rundstab aus dem Kopf der ungebrauchten Schiene	55	2310	2780	$\frac{1}{2\,144\,000}$	3570	6890	22,0	43,0	14830
		2190	**2790**	$\frac{1}{2\,155\,000}$	**3605**	**6875**	**21,8**	**44,5**	**14742**
	64	2070	2800	$\frac{1}{2\,165\,000}$	3640	6840	21,5	46,0	14655
Rundstab aus dem Kopf des Schienenstückes zwischen zwei Schwellen	2	1450	2370	$\frac{1}{2\,150\,000}$	4060	7870	16,5	31,0	13170
		1592	**2350**	$\frac{1}{2\,169\,000}$	**4020**	**7815**	**16,5**	**33,5**	**13129**
	7	1735	2330	$\frac{1}{2\,188\,000}$	3980	7760	16,5	35,9	13088
Rundstab aus dem Kopf des Schienenstückes über je einer Schwelle	12	1265	2580	$\frac{1}{2\,175\,000}$	3820	7490	18,5	37,5	13780
		1449	**2570**	$\frac{1}{2\,159\,000}$	**3715**	**7275**	**18,9**	**40,3**	**13842**
	20	1633	2560	$\frac{1}{2\,143\,000}$	3610	7060	19,3	43,0	13905
Flachstab aus dem Fuß der ungebrauchten Schiene	55	2090	2970	$\frac{1}{2\,154\,000}$	4100	7310	18,0	—	13490
		2095	**2965**	$\frac{1}{2\,149\,000}$	**4060**	**7280**	**19,3**	—	**14230**
	64	2100	2960	$\frac{1}{2\,144\,000}$	4020	7250	20,5	—	14970
Flachstab aus dem Fuß des Schienenstückes zwischen zwei Schwellen	2	1430	2350	$\frac{1}{2\,157\,000}$	3970	7290	19,5	—	13838
		1802	**2365**	$\frac{1}{2\,153\,000}$	**4030**	**7340**	**18,5**	—	**13622**
	7	2174	2380	$\frac{1}{2\,148\,000}$	4090	7390	17,4	—	13407
Flachstab aus dem Fuß des Schienenstückes über je einer Schwelle	12	2230	3140	$\frac{1}{2\,176\,000}$	4150	7450	19,5	—	15010
		2518	**3120**	$\frac{1}{217\,400}$	**4115**	**7405**	**20,1**	—	**15240**
	20	2805	3100	$\frac{1}{2\,172\,000}$	4080	7360	20,7	—	15470

Die fettgedruckten Zahlen stellen die Mittelwerte der bei den Parallelversuchen gewonnenen Einzelwerte dar.

muß die Ursache der Erhöhung auf anderen Umständen beruhen, die noch nicht bekannt sind.

Ich schreibe diese Ursache den schlagartig zur Wirkung gelangenden Druckbeanspruchungen zu, welche die Schienen im Betriebe durch das Befahren erleiden und die eine Verdichtung des Materials hervorrufen dürften. (Näheres s. S. 39).

Diese Annahme wird gestützt durch die Ergebnisse der Zugversuche mit den Flachstäben, welche dem Fuße der Schienen entstammten. Da das Material des Schienenfußes durch die rollenden Lasten angenähert dieselben Biegungsbeanspruchungen wie das des Kopfes erleidet und überhaupt bei Verbiegungen der Schiene infolge der Lage des Querschnittsschwerpunktes in den Faserschichten des Schienenprofiles, denen die Probestäbe entnommen wurden, fast gleiche Materialspannungen auftreten, ist es merkwürdig, daß die mechanischen Eigenschaften des Materials des Schienenfußes keine wesentlichen Veränderungen erfahren haben.

Die aus der Tabelle (S. 37) ersichtlichen Abweichungen der Festigkeitszahlen sind verhältnismäßig gering und liegen, wenn man die Einzelwerte betrachtet, innerhalb der durch die Unhomogenität des Materials und durch die Art der verwendeten Probestäbe (Flachstäbe) bedingten Fehlergrenzen. Jedenfalls zeigen die Ergebnisse deutlich, daß das Material des Schienenkopfes durch den Betrieb in anderer Weise verändert wurde als das des Schienenfußes, und daß demnach die im Schienenkopf auftretenden Beanspruchungen anderer Natur sein müssen als die im Schienenfuß zur Wirkung gelangenden.

Mit der Erhöhung der Festigkeit der Rundstäbe geht, wie die Werte in Spalte Nr. 8 der Tabelle S. 37 erkennen lassen, eine Verminderung der Dehnbarkeit Hand in Hand, ohne daß die von diesen beiden Faktoren abhängige Zerreißarbeit größer geworden oder gleich geblieben wäre. Es ist vielmehr auch eine Abnahme der Zerreißarbeit, also der Arbeitsfähigkeit des Schienenmaterials zu verzeichnen (siehe Spalte Nr. 10 der Tabelle S. 37). Die Verminderung der Zerreißarbeit kann aber als Funktion der Ermüdung des Schienenmaterials betrachtet werden, so daß nach Untersuchung[1] der noch im Betriebe befindlichen Schienen eine Abhängigkeit der Ermüdung

---

[1] Diese Untersuchung soll nach weiteren 5 bezw. 10 Beobachtungsjahren erfolgen.

des Schienenmaterials von der Größe der darüber gerollten Last wird aufgestellt werden können.

Während zum Zerreißen der Rundstäbe Nr. 55 und 64 (unbenutztes Material) eine Arbeit von 14 742 cmkg/ccm aufzuwenden war, benötigten die Rundstäbe Nr. 2 und 7 nur eine Arbeit von 13 129 cmkg/ccm trotzdem die Festigkeit derselben um 13,5 $^0/_0$ höher war. Die dazu gehörige Bruchdehnung hatte um 24 $^0/_0$ und die entsprechende Kontraktion um 25 $^0/_0$ abgenommen. Die Abnahme der Zerreißarbeit bei diesen Rundstäben beträgt 11 $^0/_0$, während diejenige der Stäbe Nr. 12 und 20, deren Material nur unbedeutende Druckspannungen erlitten hatte, nur 6,1 $^0/_0$ beträgt. Ebenso sind die Werte für die Spannung an der Fließgrenze und Bruchgrenze, sowie für die Bruchdehnung und Kontraktion der letzteren Stäbe nur weniger verändert worden als die für die Stäbe 2 und 7. Dies ist merkwürdig, wenn man die große Abnahme der Zerreißarbeit der Stäbe 2 und 7 berücksichtigt, die sich in erster Linie durch erhebliche Verminderung der Bruchdehnung ergibt.

Diese Ungleichartigkeit der Veränderung setzt voraus, daß das Material der Schiene zwischen zwei Schwellen mehr ermüdete als das über je einer Schwelle gelegene, und daß neben den auf Ermüdung hinwirkenden Vorgängen andere stattfanden, die eine Festigkeitserhöhung des Materials veranlaßten. Hinsichtlich der letzteren nehme ich an, daß durch die Zusammenwirkung der bei der Biegung der Schiene im Schienenkopf auftretenden Druckspannungen und der normal zur Schiene wirkenden Schlagbeanspruchungen der Räder eine Verdichtung des Materials eintritt, die umso größer ist, je erheblicher die Durchbiegungen der Schiene und somit die Druckspannungen sind. In den über den Schwellen gelegenen Schienenköpfen kann im Betriebe nur eine unbedeutende Druckspannung in der Längsrichtung der Schiene und mithin auch nur eine geringe Querausdehnung des Schienenkopfes entstehen und infolgedessen ist auch die Verdichtung eine geringere, als in den zwischen den Schwellen gelegenen Schienenteilen, wo durch die größeren Druckspannungen eine erhebliche Querausdehnung des Schienenkopfes stattfindet. Da somit bei den durch den Raddruck erzeugten, gleichzeitig rythmisch wirkenden Biegungs- bezw. Druckspannungen stets ein Schlag des Rades mit der größten Kopfzusammendrückung zusammenfällt, tritt eine Verhinderung der Querausdehnung des Materials ein, die eine verdichtende Wirkung äußert. Hieraus ist ersichtlich, daß das Verhalten von Schienenmaterial, das im Betriebe gewesen ist, nicht mit dem Verhalten solchen Materials verglichen werden kann, das bei Dauerversuchen nur gleichartige Beanspruchungen erlitten hat und daß die bei solchen Versuchen gewonnenen BAUSCHINGERschen Erfahrungssätze auf das vorliegende Material nicht unmittelbar anwendbar sind.

Eigenartig bleibt auch noch die Erniedrigung der Elastizitätsgrenze und der Proportionalitätsgrenze des Materials aus dem Schienenkopfe.[1]) Nach dem Ausspruche BAUSCHINGERS kann eine Erniedrigung der Proportionalitätsgrenze für die entgegengesetzte Beanspruchungsart erst dann eintreten, wenn durch allmählich anwachsende, zwischen Zug und Druck wechselnde Anspannungen jene Anspannungen die ursprüngliche Proportionalitätsgrenze überschreiten. Im vorliegenden Falle können die Anspannungen aber keinesfalls diese Höhe erreicht haben, da die der Stabmitte entsprechende Faserschicht bei Berechnung[2]) der Schiene auf Biegung durch den größten Raddruck von 8000 kg sich nur eine maximale Druckbeanspruchung von 870 kg/qcm ergibt und auch unter Berücksichtigung der schlagartigen Wirkung des Raddruckes im normalen Betriebe keine so hohe Anspannung stattgefunden haben kann.

Auffällig ist, daß die Proportionalitätsgrenze der Probestäbe, deren Material im Betriebe Druckanstrengungen erlitten hatte. mehr erniedrigt wurde als die der Stäbe, deren Material vorwiegend auf Zug beansprucht worden war. Man erkennt also auch hieran besonders deutlich, daß der BAUSCHINGERsche Satz für das vorliegende Material nicht gültig sein kann.

3. Kerbschlagversuche.

Zur Ermittelung des Einflusses der Betriebsbeanspruchungen der Schienen auf die Kerbzähigkeit des Schienenstoffes wurden Schlagversuche mit Probestäben ausgeführt, die den Schienenstücken Nr. 60, 69, 58, 22, 18, 9, 5 entstammten.

Es diente dazu ein Normalpendelhammer mit 33 kg Pendelgewicht, der zur Erlangung unmittelbar vergleichbarer Ergebnisse bei den Versuchen immer auf gleiche Fallhöhe eingestellt wurde.

Die Probestäbe besaßen 160 mm Länge und 30 × 30 mm

---

[1]) Siehe Tabelle S. 37.
[2]) Nach ZIMMERMANN.

Querschnitt. In der Mitte ihrer Stützweite waren sie mit einem „scharfen Kerb" versehen, der 5 mm Tiefe und einen Spitzenwinkel von 45° besaß. Die Versuche lieferten die aus folgender Tabelle ersichtlichen Werte.

Ursprung des Probestabes	Nummer des Schienenstückes, dem der Probestab entstammt	Gesamte Schlagarbeit mkg/qcm	Mittlere spezifische Schlagarbeit mkg/qcm
Unbenutzte Schiene ...	60	23,44	
	69	23,44	3,19
	58	24,99	
Zwischen Schwellen der gebrauchten Schiene..	22	23,11	3,06
	18	22,79	
Über Schwellen der gebrauchten Schiene ...	9	16,34	2,28
	5	17,87	

Die Ergebnisse der Schlagversuche zeigen, daß durch die Betriebsbeanspruchungen eine Abnahme der Kerbzähigkeit des Schienenstoffes stattgefunden hat, und zwar ist die Abnahme größer bei den Probestäben, welche einem über den Schwellen gelegenen Schienenteile entstammten, als bei denjenigen, welche der Schiene zwischen je zwei Schwellen entnommen worden waren. Es bestätigt dies die bereits auf S. 38 geäußerte Annahme, daß durch die gleichzeitig stattfindende Zusammendrückung des Schienenkopfes in der Längsrichtung der Schiene und der senkrecht dazu erfolgenden hämmernden Beanspruchung der Räder eine Verdichtung des Schienenstoffes stattfand, die nicht nur eine Erhöhung der Zerreißfestigkeit, sondern auch eine Erhöhung der Kerbzähigkeit nach sich gezogen haben würde, wenn diese nicht durch die Ermüdung des Stoffes beeinflußt worden wäre. Die Kerbzähigkeit ist eine Funktion zweier Größen, nämlich der Biegefestigkeit und der Dehnbarkeit des Schienenstoffes, sie ist eine Arbeit und mithin vergleichbar mit der auf S. 35 erwähnten Zerreißarbeit der Zugprobestäbe.

Die Zerreißarbeit dieser Stäbe war durch die Ermüdung des Schienenstoffes vermindert worden, trotzdem die Festigkeit eine Erhöhung erfahren hatte. Ebenso haben die Schlagversuche eine geringere Kerbzähigkeit des Stoffes der gebrauchten Schiene nachgewiesen, indem sich für diese eine niedrigere spezifische Schlagarbeit ergab, als für das Material der unbenutzten Schiene. Die Verminderung der spezifischen Schlagarbeit bei den Probestäben aus dem zwischen zwei Schwellen gelegenen Schienenkopfe ist aber nur gering, und zwar derartig, daß die Abweichung innerhalb der durch die Unhomogenität des Materials bedingten Grenzen liegt. Allerdings muß hier berücksichtigt werden, daß die Ermüdung durch die stattgehabte Verdichtung des Schienenstoffes zum Teil scheinbar wieder aufgehoben worden ist. Ebenso wie die Verdichtung eine Erhöhung der Zugfestigkeit des Materials verursacht, bewirkt sie auch eine Zunahme der Schlagbiegefestigkeit, die aber, wie die Versuche gezeigt haben, nicht so groß ist, daß sie sich in einer erhöhten Kerbzähigkeit äußert.

Hätte keine Ermüdung des Schienenstoffes stattgefunden, dann müßten Probestäbe aus über einer Schwelle gelegenen Teilen der Schiene die gleiche Kerbzähigkeit besitzen, wie solche aus dem Material der neuen Schiene. Außerdem müßten aber Probestäbe, welche Schienenteilen zwischen zwei Schwellen entstammen, eine größere Kerbzähigkeit aufweisen als die den Schienenstücken über einer Schwelle entnommenen. Die letzteren können nur eine sehr geringe Verdichtung des Materials erfahren haben, da an dieser Stelle in der Hauptsache nur Zugspannungen im Schienenkopfe auftraten, also mit einem Schlage der Räder immer nur größte Zugspannungen zusammentrafen. Ermüdung des Schienenstoffes muß sich daher hier in einer Abnahme der Kerbzähigkeit gegenüber der des neuen Schienenstoffes und außerdem darin äußern, daß die Kerbzähigkeit des Schienenmaterials über einer Schwelle geringer ist als die des zwischen zwei Schwellen gelegenen Materials. Dieses ist der Fall, und es dürfte somit erwiesen sein, daß die vielmaligen Biegungsanstrengungen der Schiene eine Ermüdung des Schienenstoffes auch hinsichtlich seiner Kerbzähigkeit verursachten.

4. Lösungsversuche.

Um festzustellen, ob die Veränderungen der mechanischen Eigenschaften des Schienenstoffes in mehr oder weniger großer Lösbarkeit desselben zum Ausdruck kommt, wurden dem Kopfe der Schienenstücke Nr. 57, 61, 65, 69, 18, 22, 5, 9, Probestücke entnommen und daraus quadratische Scheiben von 30 mm Kantenlänge und 6 mm Dicke hergestellt, die dem Lösungsversuche in 1%iger

Schwefelsäure unterzogen wurden. Es wurde bei diesen Versuchen von der Annahme ausgegangen, daß z. B. eine Verminderung der Kerbzähigkeit eine Zunahme der Lösbarkeit und umgekehrt eine Erhöhung der Kerbzähigkeit eine Verminderung der Lösbarkeit nach sich zieht. Wenn auch diese Annahme nicht ohne weiteres gerechtfertigt erscheint, so dürfte sie doch mancherlei für sich haben, wenn man berücksichtigt, daß die Veränderung der Festigkeit eines Stoffes nur durch Änderung der Kohäsionskraft oder der inneren Reibung der Molekülaggregate hervorgerufen werden kann und, wie bereits auf S. 11 erwähnt wurde, nachgewiesen ist, daß bei vielmaligen Beanspruchungen von Metallen im Inneren derselben mikroskopisch feine Translationslinien auftreten, die den Zusammenhang der Molekülgruppen vermindern. Wird daher eine Verringerung der Widerstandsfähigkeit des Materials gegen äußere mechanische Beanspruchungen durch diesen Umstand verursacht, so muß sie sich unbedingt in erhöhter Lösbarkeit äußern, weil die Risse dem Lösungsmittel den Zutritt zu den inneren Stoffteilchen erleichtern.

Die Möglichkeit einer Änderung des mikroskopischen Gefüges.[1]) veranlaßt durch die vielmaligen Beanspruchungen, kann, wie auf S. 8 erörtert wurde, in jedem Falle verneint werden, weil der Gleichgewichtszustand der festen Metallösung nur durch thermische Behandlung gestört werden kann. Gelangen demnach mechanische Beanspruchungen allein zur Wirkung, so können Änderungen der mechanischen Eigenschaften eines Stoffes auch nur durch diese bewirkt worden sein. Da aber bei Eisenbahnschienen nach ihrer Fertigstellung keine thermischen Beanspruchungen in Frage kommen (die Änderungen der Lufttemperatur können hierbei außer acht bleiben), darf als sicher angenommen werden, daß nur Rißbildungen oder Verdichtungen oder dergl. die Verschiedenheiten der Versuchsergebnisse verursachen, wenn nicht Spannungen im Schienenstoffe bestanden, die durch die vielmaligen Beanspruchungen ausgeglichen wurden und einen neuen Spannungszustand hervorriefen, der sich in veränderten Festigkeitsverhältnissen äußert. Dies kann aber unberücksichtigt bleiben, da bereits ein Ausgleich von Spannungen als Ermüdung des Materials zu betrachten ist.

Die für die Lösungsversuche bestimmten Platten wurden an der Oberfläche sorgfältig eben geschliffen, dann mit Benzol und

---

[1]) Siehe Anmerkung auf S. 35.

44 Versuche zur Feststellung der Ermüdung des Schienenmaterials.

Ursprung des Probekörpers aus Schienenstück Nr.	Ursprüngliches Gewicht des Probekörpers g	Gewichtsverlust der Probekörper infolge Einwirkung der Säure während						144 Stunden in Prozenten bezogen auf das ursprüngliche Gewicht	
		24 Stunden g	48 Stunden g	72 Stunden g	96 Stunden g	120 Stunden g	144 Stunden g	%	Mittelwert %
61	43,7713	0,1215	0,2698	0,4168	0,8096	0,9856	1,5136	3,46	
61	41,8970	0,1237	0,2835	0,5293	0,8235	1,1980	1,5133	3,61	
57	40,7462	0,1162	0,2597	0,4985	0,7827	1,1715	1,4957	3,67	3,62
57	42,8724	0,1203	0,2654	0,5052	0,7956	1,1664	1,4936	3,49	
69	40,8763	0,1214	0,2820	0,5263	0,8223	1,1989	1,5276	3,73	
69	40,5292	0,1247	0,2770	0,5207	0,8162	1,2030	1,5419	3,80	
65	41,7345	0,1251	0,2828	0,5300	0,8261	1,2023	1,5207	3,64	
65	42,4110	0,1340	0,2739	0,5163	0,8135	1,1934	1,5163	3,57	
18	43,6341	0,1901	0,5225	0,9290	1,3162	1,7143	2,0651	4,73	
18	43,4385	0,1885	0,5211	0,9268	1,3075	1,7091	2,0700	4,50	4,72
22	42,9156	0,1845	0,5198	0,9136	1,2961	1,6913	2,0396	4,75	
22	42,1465	0,1940	0,5854	0,9347	1,3178	1,7096	2,0537	4,88	
5	40,5852	0,1887	0,5297	0,9452	1,3363	1,7522	2,1298	5,25	
5	42,0645	0,1932	0,5381	0,9568	1,3428	1,7572	2,1895	5,25	5,16
9	42,4093	0,1985	0,5546	0,9693	1,3633	1,7840	2,1575	5,09	
9	43,1185	0,1950	0,5485	0,9620	1,3658	1,7944	2,1790	5,05	

Alkohol gereinigt, nach dem Trocknen zur Bestimmung ihres Gewichtes einzeln gewogen und schließlich in 1%ige Schwefelsäure gebracht, wobei die Probestücke auf Glasstäbchen hochkantig gelagert wurden, damit die Säure von allen Seiten einzuwirken vermochte. Nach Verlauf von 24, 48, 72, 96, 120 und 144 Stunden wurde die Wägung wiederholt und die Gewichtsabnahme in Prozenten des ursprünglichen Gewichtes der Probestücke berechnet.

Die Versuchsergebnisse sind in Tabelle (S. 44) zusammengestellt.

Eine Vergleichung der Tabellenwerte zeigt, daß die Lösbarkeit des Stoffes der gebrauchten Schiene größer ist als die der unbenutzten. Im Mittel beträgt die Lösbarkeit der letzteren nach 144 Stunden Lösungsdauer $3{,}62\%$. Diejenige des Schienenstoffes aus Teilen der Schiene zwischen zwei Schwellen $4{,}72\%$ und aus Teilen über je einer Schwelle $5{,}16\%$.

Es liefern also auch diese Versuche den Nachweis, daß die Betriebsbeanspruchungen eine Veränderung des Schienenstoffes verursachten, die von der Art der Beanspruchungen abhängt. Die größere Lösungsfähigkeit des Stoffes aus über den Schwellen gelegenen Schienenteilen gegenüber der aus Teilen, die zwischen zwei Schwellen lagen, läßt die Annahme gerechtfertigt erscheinen, daß mit der Ermüdung des Materials eine Veränderung desselben Hand in Hand ging, welche die Ermüdungserscheinungen zum Teil wieder aufhob. Diese Veränderung dürfte auch im vorliegenden Falle auf die bereits in den früheren Abschnitten erwähnte Verdichtung des Stoffes zurückzuführen sein. Auf Zufälligkeiten kann die verschiedene Lösbarkeit des Stoffes der einzelnen Schienenteile nicht beruhen, da die Einzelergebnisse nicht nur gut unter sich übereinstimmen, trotzdem die Probestücke verhältnismäßig weit auseinanderliegenden Teilen der Schienen entnommen wurden, sondern es zeigen die einzelnen Ergebnisse der Prüfung des Stoffes der gebrauchten Schiene, bei der eine systematische Auswahl des Probematerials stattfand, eine gut zu begründende Verschiedenheit, die als weitere Bestätigung der Annahme einer Ermüdung des Materials dienen kann.

IV. Zusammenfassung der Versuchsergebnisse und Schlußfolgerungen.

Durch die Versuche ist nachgewiesen worden, daß die Betriebsbeanspruchungen eine Veränderung einzelner mechanischer Eigenschaften des Schienenstoffes hervorrufen, welche als Ermüdung bezeichnet werden kann, wenn man die Ermüdung als eine Funktion der Arbeitsfähigkeit des Materials betrachtet. Sie haben aber auch gezeigt, daß die von BAUSCHINGER auf Grund seiner Dauerversuche mit Metallen ausgesprochenen Erfahrungssätze auf Eisenbahnschienenmaterial, das durch den Betrieb beansprucht wurde, nicht ohne weiteres anwendbar sind, weil bei Beurteilung der Güte dieses Materials berücksichtigt werden muß, daß durch das Hämmern der Eisenbahnräder auf den Schienen eine Veränderung des Schienenstoffes erfolgt, die einer Verdichtung gleich zu erachten ist.

Die Versuche haben ferner ergeben, daß die Ermüdung des Schienenstoffes keine Verminderung der Elastizität desselben bei Zugbeanspruchungen bewirkt. Sie haben aber den Nachweis geliefert, daß die Elastizitätsgrenze des Materials erheblich erniedrigt und auch die Dehnbarkeit stark vermindert wird.

Eine Abhängigkeit des Ermüdungsgrades von der Größe der über die Schienen gerollten Lasten kann auf Grund der vorliegenden Versuchsergebnisse nicht gefolgert werden. Es wird dies erst nach Prüfung der noch im Betriebe befindlichen Schienen geschehen können, wenn diese weitere, einer Ermüdung gleich zu erachtende Veränderungen der mechanischen Eigenschaften des Schienenstoffes nachweist.

Ferner haben die Versuche folgende bemerkenswerte Aufklärungen geliefert.

1. Bei der Prüfung gebrauchter Eisenbahnschienen erscheint es geboten, das Versuchsmaterial nicht wie bisher willkürlich den zu

Zusammenfassung der Versuchsergebnisse und Schlußfolgerungen.

Untersuchungszwecken bestimmten Schienen zu entnehmen, sondern die Probestäbe systematisch unter Berücksichtigung der Schwellenanordnung auszuwählen, da die Versuche gezeigt haben, daß das Material der zwischen den Schwellen liegenden Schienenstücke durch den Betrieb in anderer Weise verändert wird, als das der über den Schwellen gelegenen Schienenstücke.

2. Es erscheint zweckmäßig, den Umfang der für die Schienenstatistik des Vereins deutscher Eisenbahn-Verwaltungen auszuführenden Zerreißversuche zu erweitern, und zwar dahin, daß bei diesen Versuchen außer den Gütezahlen (Zerreißfestigkeit, Fließgrenze, Dehnung, Kontraktion) die Elastizitätsgrenze und die Zerreißarbeit festgestellt werden, weil die Versuche gezeigt haben, daß beide Faktoren durch die Betriebsbeanspruchungen in ungünstigem Sinne verändert werden.

3. Die bei Schienenprüfungen übliche Kugeldruckprobe kann bei Versuchen mit gebrauchten Schienen keine einwandfreien Ergebnisse liefern, weil durch den Betrieb auf der Fahrbahn der Schienen eine gehärtete Schicht entsteht, die dem Eindringen der Kugel einen größeren Widerstand als die Fahrfläche einer neuen, ungebrauchten Schiene entgegensetzt. Die an neuen und die an bereits im Gebrauch gewesenen Schienen gewonnenen Ergebnisse sind daher nicht unmittelbar vergleichbar.

4. Die Kerbschlagprobe hat sich als ein einfaches Mittel zur Feststellung der Ermüdung des Schienenmaterials erwiesen, da bei den vorliegenden Versuchen die Ermüdung sich als Verminderung der Kerbzähigkeit äußerte.

5. Die Lösungsversuche haben gezeigt, daß ermüdetes Schienenmaterial eine größere Lösbarkeit besitzt, als unbeanspruchtes; sie geben somit ein Mittel in die Hand, den Ermüdungsgrad als Funktion der Erhöhung der Lösbarkeit festzustellen.

Druck von Friedrich Stollberg in Merseburg.

MIX
Papier aus verantwortungsvollen Quellen
Paper from responsible sources
FSC® C105338

If you have any concerns about our products,
you can contact us on
ProductSafety@springernature.com

In case Publisher is established outside the EU,
the EU authorized representative is:
**Springer Nature Customer Service Center GmbH
Europaplatz 3, 69115 Heidelberg, Germany**

Printed by Libri Plureos GmbH
in Hamburg, Germany